LOCUS

LOCUS

LOCUS

LOCUS

領導者。這個「者」是多數，各部門的主管都是領導者。

　　——施振榮

全球化的
生產與行銷

宏碁上兆元營運經驗

施振榮 著

蔡志忠 繪

總序

《領導者的眼界》系列,共十二本書。

針對知識經濟所形成的全球化時代,十二個課題而寫。

其中累積了宏碁集團上兆台幣的營運流程,以及孫子兵法的智慧。

十二本書可以分開來單獨閱讀,也可以合起來成一體系。

施振榮

　　這個系列叫做《領導者的眼界》,共十二本書,主要是談一個企業的領導者,或者有心要成為企業領導者的人,在知識經濟所形成的全球化時代,應該如何思維和行動的十二個主題。

　　這十二個主題,是公元二〇〇〇年我在母校交通大學EMBA十二堂課的授課架構改編而成,它彙集了我和宏碁集團二十四年來在全球市場的經營心得和策略運用的精華,富藏無數成功經驗和失敗教訓,書中每一句話所表達的思維和資訊,都是真槍實彈,繳足了學費之後的心血結晶,可說是累積了

台幣上兆元的寶貴營運經驗，以及花費上百億元，
經歷多次失敗教訓的學習成果。

除了我在十二堂EMBA課程所整理的宏碁集團
的經驗之外，《領導者的眼界》十二本書裡，還有
另外一個珍貴的元素：孫子兵法。

我第一次讀孫子兵法在二十多年前，什麼機緣
已經不記得了；後來有機會又偶爾瀏覽。說起來，
我不算一個處處都以孫子兵法為師的人，但是回想
起來，我的行事和管理風格和孫子兵法還是有一些
相通之處。

其中最主要的，就是我做事情的時候，都是從
比較長期的思考點、比
較間接的思考點來出
發。一般人可能沒這個
耐心。他們碰到問題，
容易從立即、直接的反

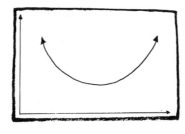

應來思考。立即、直接的反應，是人人都會的，長期、間接的反應，才是與眾不同之處，可以看出別人看不到的機會與問題。

　　和我共同創作《領導者的眼界》十二本書的人，是蔡志忠先生。蔡先生負責孫子兵法的詮釋。過去他所創作的漫畫版本孫子兵法，我個人就曾拜讀，受益良多。能和他共同創作《領導者的眼界》，覺得十分新鮮。

　　我認為知識和經驗是十分寶貴的。前人走過的錯誤，可以不必再犯；前人成功的案例，則可做為參考。年輕朋友如能耐心細讀，一方面可以掌握宏碁集團過去累積台幣上兆元的寶貴營運經驗，一方面可以體會流傳二千多年的孫子兵法的精華，如此做為個人生涯成長和事業發展的借鏡，相信必能受益無窮。

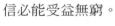

目錄

前言

- 「產業空洞化」是日本人提出的說法。
- 美國的產業，似乎越往外移，競爭力越強。

　　今天，我們面臨市場經濟的自由化發展與全球化的趨勢，所以企業經營，一定要把全球的市場都當成是我們的市場，全球的競爭條件，也當成是非得考慮的重要因素；也可以說，經營企業對於全球化的部署和考量，變得非常的重要。簡單的說，這就是所謂的比較利益，比較競爭的條件；在比較的過程裏面，很關鍵的就是：不要只考慮短期成效，可能直接、間接、長期的因素都要一併列入考量。

　　我覺得在國際化過程裏，比較有爭論的就是所謂「產業空洞化」的效應。「空洞化」的說法是日本最先提出的，當他們發現日本產業大量外移到海外去的時候，國內的輿論就開始警告說，如果產業

繼續一直外移，移到最後，日本國內就會出現產業空洞化的現象。

　　不過，如果我們看美國企業國際化的方式，會發現美國的產業不只是移到海外，在國內也是找外包的協力廠商合作，進而形成上中下游完整的產業體系；反正，越往外移，好像競爭力越強。所以，到底「空洞化」這件事情，是不是真的是一個問題？會不會因為有效地利用全球分工整合，利用國際的資源，反而使企業的實力及競爭力越來越強？這些都是國際化考量的一些因素。

全球化的理由

- 勞力成本過高
- 勞力短缺
- 利用國外自然資源
- 接近市場
- 突破保護主義
- 節省運籌成本

　　　企業考慮國際化的原因，不外是因為成本的問題、勞工缺乏的問題、要借重當地的材料或自然資源、要接近市場、甚至於為了突破保護主義、及整體運輸或者運籌的成本問題等因素。所以，講來講去，國際化考慮的就是為了要擴張市場，或者降低成本。

企業國際化的目的無非是...
擴張市場
降低成本

如果我們從競爭力公式「競爭力＝f（價值／成本）」的觀點來看，在國際化的過程中，實際上最根本的思考模式就是，檢核每一個思考點，是不是對價值有所創造、對成本有所降低呢？

阿基米德說：
「只要給我一個支撐點，我便可以撐起整個地球」企業全球化所需要的支撐點是甚麼呢？

　　其實，這也是經濟學最基本的「供需」原則。所謂供、需是指兩件事情，製造是「供」，市場就是要有「需」；企業國際化，反映的就是供需的一個關係，只是我們的思維，要擴大到全球，而不光只是考慮本地的資源而已。

地點的考量

- 軟硬體基礎建設
  - ──交通、公共設施
  - ──教育、政府政策、產業基礎建設
- 工程師與技術勞工
- 獎勵措施（訓練、賦稅優惠、稅務信用、分公司）
- 政治穩定度
- 工會
- 產業聚落

　　國際化或者全球化要考慮第一個要素就是地點。一般我們在考慮地點時，都會考慮到與產業有關的基礎建設（Infrastructure），但是通常我們都只會從「硬」的角度來考慮；其實，現在看起來，硬體方面的基礎建設（Hard Infrastructure），是越來越簡單，比較好克服。因為硬體方面的基礎建設，只要有一個計劃，花錢建設，五年、十年的功夫，應該就可以解決有關運輸或公共設施等硬體方面的基礎建設。

　　但是，如果是談到有關教育、政府的政策、整

個產業結構等軟體方面的基礎建設（Soft Infrastructure）的話，可能需要十年、二十年，甚至於更長的時間。所以，我們在國際化的過程裏面，可能軟體方面的基礎建設比硬體方面的基礎建設更為重要。

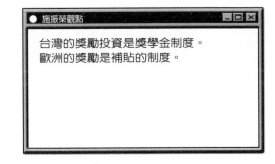

與軟體方面的基礎建設有關的教育，主要是工程師及技術勞工的養成，也就是腦力資源與技術勞力的提供。政府的政策主要是有沒有提供一些獎勵的措施？實際上，獎勵的措施又分成兩種：第一種獎勵的措施是，如果企業經營實質上有賺錢的話，企業可以留下較多的盈餘再做投資，或者可以拿回母國；另外一種獎勵的措施是，企業要建立包含人員訓練、分公司的設立等等運作，政府提供必要的一些協助。

當然，考慮到有關政治的因素方面，通常就會考慮到有沒有工會？因為，在很多國家的工會運作的，實質上常是政治性而非理性的，這個時候也是

不好處理的。此外，整個產業聚落是不是跟你要投資的這個產業是有關的，也是必須考量的要素。

在這裏，我特別要討論歐洲的情況，讓大家參考。因爲歐洲盛行社會主義，所以，就業問題對她們來講，都是很重要的。相對地，因爲她有工會，所以勞工的成本也比較高；嚴格說起來，歐洲並不是一個很吸引人投資的地區，除非你是爲了要接近市場，或者有避開保護主義的考量。

但是，歐洲國家爲了要吸引外資投資，常常會提供比我們在亞洲所能得到的更多的協助。例如，國內有人到英國設廠，英國政府可以補貼建廠費用的百分之五十，甚至更多，再加上貸款的話，外資企業幾乎不要拿錢去，或者只要很少的錢，就可以去建廠了。企業所需要的開辦費，政府還可以補貼一點，人員訓練，政府也可以負責一些，我想天下沒有比這個更好的條件了。但實質上呢，從我們的經驗來看，這是一種陷阱。

因爲，我們對於當地市場狀況的掌握不是那麼多，所以，我們去建廠當然就是以製造爲主，是從

製造的角度來思考的；而歐洲是從就業的人口來思考的，是依據你請了多少人，才可以給你多少補助。所以，對歐洲這些社會福利國家來講，政府給企業的補助款，跟給那些人不做事情的失業補貼款也差不多，所以你就可以拿到這些錢了。但是，當企業長期在營運的時候，包括社會福利在內的用人成本會讓你不具競爭力；萬一業務發展跟預期的不一樣，就會產生很多需要的處理的問題，長期而言將是弊端叢生，這是整個問題癥結的所在。

在很多國外媒體來採訪的時候，我甚至也把這個案子拿來做比較：我說，我們台灣的做法不太一樣，我們當然也有獎勵投資，不過，台灣的獎勵投資是獎學金的制度，歐洲的獎勵是補貼的制度。補貼就容易使企業養成靠補貼吃飯，進而逐漸降低競爭力；獎學金的精神是說，像我們的投資抵減，如果企業沒有賺錢，沒有所得稅，就享受不到投資抵減好處。所以，等於好學生才有獎學金，成績好了，才得到獎勵；成績不好的，就得不到獎勵。歐洲是不管你好不好，反正我一律獎勵，請了越多

人，虧了越多錢，我也是照樣要獎勵，因為，你解決我就業的問題。整個獎勵的觀念，基本精神是不太一樣；所以，我覺得那個制度本身，也不見得是最理想的。不過，反正一切如果僅是從政治的角度來思考，常常都是不理想的。

製造據點的考量

- 找到更多可供選擇的替代地點
- 低勞力成本與低土地成本非關鍵因素
- 運籌、工程師品質、零組件能否外包是更重要的因素
- 政府獎勵措施與政治因素也應納入考量
- 有相關產業群聚是有利的選擇因素

　　製造業的國際化有很多方面是需要考慮的，首先，我們先從製造的據點談起。當我們在考量製造據點的時候，當然是先要多找一些可供選擇的替代地方。其次，我要特別強調說，低成本的勞力，或者土地很便宜，實際上並不是關鍵因素，不值得去考慮；理由很簡單：到處都是。你到大陸去，到處都是，大陸以外，到東南亞也是；符合條件的地點很多，不必考慮，因為這些都不是關鍵的條件。

　　因此，該地區整個在運籌的方便度、未來我們要找的工程師或者員工的品質、附近是否提供整個系統運作所需要的所有的零組件產業，這些都是變

成最關鍵的因素。當然，政府的獎勵措施、政治的因素等等，也應納入考量。還有，有相關產業群聚的成熟度，也是有利的選擇因素。

　　我用宏碁開始國際化的一個案例，當時的背景，讓大家了解。宏碁大概在九〇年初期，才開始準備到海外做製造；之前，因為台灣有很多企業，尤其是中小企業，早就不能忍受台灣勞工缺乏跟成本上

廉價勞力、低土地成本
不是選擇製造地點的考量因素。

升的環境，都已經外移到東南亞、泰國、馬來西亞、或者大陸、菲律賓。

當時，我們開始有這個想法的時候，很簡單地就想到檳城，沒有考慮太多，也沒有考慮到檳城以外，馬來西亞其他的地點；當時，考慮很簡單：因為那個時候的檳城，歐美及日本的電子企業已經投入二十幾年了，所以在當地也培養了足夠的工程師。甚至我可以說，如果從工廠的生產線要做自動化的角度來看，當地所訓練出來的能力，是超過台灣。另外，一些供應商也慢慢形成；檳城政府又是以華人為主，整個政府的稅務、獎勵措施、語言等等，都是比較優勢的，所以我們就沒有考慮其他的地方，就去檳城投資了。

那時候有一個有趣的故事，我跟我太太去檳城考察，剛開始我們的印象是非常非常好，後來發現，多待幾天的話，就會看到比較落後的地方，可能會有不好的印象。所以，後來我們就用同樣的方法如法泡製：因為要外派到當地的同仁，大都是攜家帶眷過去，會有小孩子上學、教育等問題；所

以，我們的同仁要外派到當地前，我們就規劃有所謂的「參觀走廊」，目的就是要讓他們留下好的印象，所以那個比較髒亂的地方，就想辦法讓他們沒有機會看到。除了這個因素以外，檳城在很多地方都是非常的不錯。

我們要進去檳城的時候，是台灣因為勞力不足外移的尾端了；1991、1992 年的時候，我們已經知道馬來西亞的勞工會缺乏，但是我們還是決定進去設廠。當時還有一個考慮因素：反正我們產品的附加價值比較高，我們就用假設勞工缺乏會缺在別的產品、別的公司，不會缺在我們這邊，所以就進去了。

宏碁在 1996 年到蘇比克去設廠，我也是先頭考察部隊的一員；當然，最後的決定，都是我們公司的同仁去做決定。這裏還有一個背景：因為我是亞洲管理學院的董事，幾乎每年都到馬尼拉去開會，當然有機會接觸一些對當地很有影響力的大企業家。據我們的觀察，這些當地的大企業家，心理上對菲律賓國內的發展，並不是很有信心；後來，

羅慕斯總統上台，開始改善投資環境。有一年我再到菲律賓時，發現當地的大企業家開始在投資了，這就對我有一點吸引力；當地的人敢投資，我當然也敢投資了。就是這樣一個觸媒，讓我有興趣到蘇比克去看；當然，它的基礎設施、跟台北的距離很近、租稅優惠等等，都有一些好處，所以，我們很快就決定要到當地設廠了。

這裏所代表的意義就是，一個無形的信心，也是考量製造據點的重要因素；絕對不要是因為貪圖便宜就進去了，還有很多其他的因素，是會讓整個投資計劃的發展，並不那麼理想。事實證明，蘇比克確實是我們所投資的製造據點中，發展相當好的一個地方。

後來，宏碁在蘇州設廠的決定，我並沒有參與；但是，後來我去了解後，我就支持了；因為先頭部隊事前已經做過相當完善的分析了。其中也有二個考量的因素：第一，我們當然不希望在大陸南方，跟太多的廠商擠在一起；第二，我們的據點如果設在上海，將可以涵蓋整個中國大陸的內銷市

場。所以，在考量地理上方便的因素後，很明顯地就是到上海去了，然後再到蘇州。

　　宏碁剛到上海的時候，並沒有受到很大的重視；雖然，當地政府也了解宏碁有一點規模，不過，由於世界性的大企業也都

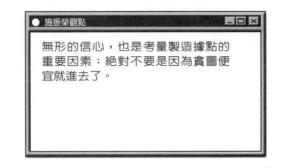

到那裏去、當地人工也貴、土地來源不易等等，地方上也有很多的限制，後來就往西移到蘇州。因為，蘇州附近的無錫等地，是電子工業的據點，所以，讓蘇州成為大陸的一個電子產業聚落。從零組件的產業結構、國內外的海運運輸、人工的水準等考量，蘇州都是一個很好的據點。還有更重要的，跟前面所提到的檳城，也有一樣的效果，如果從生活居住的環境來看，蘇州也是好地方，所以才能夠吸引我們國內的同仁，去住在那邊。我們現在蘇州的據點很大，也非常的成功。

　　後來，我們又考慮到中山，不是到東莞或者深圳那邊去，原因也都是因為南方過度開發了。所

以，我們到中山的考慮，主要是從外銷的角度來看：像蘇州是比較適合海運，透過上海可以利用長江來運輸體積比較大的商品；但是，中山就要利用香港或者澳門空運的港口，做零組件的進出口。後來我們選擇在中山，主要也是因為它的環境，因為中山也是大陸很有名的花園城市。

我們另外還有一個海外據點就是在墨西哥。選擇墨西哥其實也沒有什麼特別的考量，主要從NAFTA（北美自由貿易區）的角度來看，希望更接近市場。宏碁在墨西哥的策略是採取所謂「雙子城」的考慮，所以我們有兩個據點，高階主管住在美國邁阿密，而上班地點在墨西哥，並聘用墨西哥當地的員工從事製造的工作。

科技中心的考量

- 可供應的人才
- 接近核心技術中心的地點
  - ——半導體：矽谷
  - ——軟體：矽谷、西雅圖
  - ——通信：矽谷、以色列
  - ——資訊：矽谷、波士頓
  - ——生物科技：舊金山、波士頓
- 人才成本（中國大陸、印度）
- 區域的創新文化

在考量全球化的科技中心時，首先，當然是考慮研究發展所需要的技術人才，是否供應無虞。其實，人才往往會自然地跟技術中心結合在一起的：像半導體、IC 設計的人才，大概都在矽谷；軟體在西雅圖那邊也不錯，當然分佈稍微廣一點。除了矽谷、西雅圖，通信呢？我們有一個據點是在聖地牙哥；為什麼？由於當地有無線電的大廠，所有無線電的人才就聚集在那邊。所以，考慮研究發展時，只要到人才聚集的地方去，成效自然就會比較快。

另外，當然我們在考慮，身為一個高科技的公司，未來的競爭當然是在比腦力，就是工程師的比

重誰比較多。很明顯地，未來我們在大陸或者是在印度，都一定要想辦法來加強，主要的考慮就是成本的問題。因為當你需要有幾千人的工程師時，大陸就可能是值得考慮的地點。

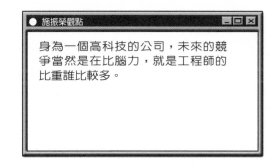

施振榮觀點

身為一個高科技的公司，未來的競爭當然是在比腦力，就是工程師的比重誰比較多。

　　當然，還有一些就是，那個地區裏面的創新文化及創新的環境，也是值得考量的參考指標。宏碁有幾個比較重要的產品，例如，32 位元的個人電腦，是我們台灣派一個團隊到矽谷，去開發出來的；當時甚至比 IBM 還早推出，所以不是人的因素，反而是地點的因素。我們的「渴望電腦」，也是在美國開發出來的；當時是因為被市場的需求所刺激，所以開發這樣一個比較創新的產品。所以，有時候不是人的因素，而是該地區的創新文化及創新的環境。

　　我們的創投公司最近成立了，操作的額度有兩億五千萬元；在這個之前，有四千萬投資在美國，將來兩億五千萬有一半也會投資到美國。很明顯

地，美國就是世界的一個科技中心。宏碁在上海也成立了軟體中心，希望可以善用中國大陸的研究發展人才。當然，長期來講，我們最希望看到的，還是在渴望園區，將來有數千個工程師，不斷有一些世界級的技術，是在那邊開發出來；不過，這個也許是要再過十年，或者更久二十年之後，才會開發結果。

附加價值之高低，在於投下工夫的深淺。台灣有很多創新，往往是靠個靈感就發明出來的東西，附加價值都很低，競爭障礙也低。

行銷中心的考量

- 有適當市場規模後，需要有一個行銷中心支援運作
- 國家/區域總部的地點
- 建立的時機
- 建立的規模
  ——全功能或半功能
  ——法律地位（聯絡處、分公司、子公司、合資）

行銷的運作和研究發展與製造的運作不太一樣：就和技術全球化的概念一樣，實際上從製造的角度來看，現在已經都是全球化的供應了；但是，有關行銷的支援方面，實際上是非常當地化的。因此，到了適當市場規模的時候，你就不得不就近形成行銷的據點。

當企業擁有那麼多行銷的據點，尤其在每一個國家都設據點之後呢，就會需要有一個區域性的總部；所以，如何選擇區域總部也變成是一個問題；應該在什麼時候建立？建立的時候它的規模應該多大？因為行銷有很多的範圍，到底應該是完整的功

能？還是部份的功能？甚至於從法人的地位？從連絡處到分公司到子公司，或者合資公司呢？這裏面都是有很多很多需要考慮的地方。

我記得宏碁第一次考慮到歐洲設置據點的時候，當時的考量很簡單：日本人已經在德國的杜塞多夫設有據點，台灣只有大同一家也剛好在那邊；我想既然有那麼多東方企業，已經在那邊設立據點，那我們也跟著日本人走好了，所以，是別人事先就替我們精挑細選了。同樣的事情也已經發生在宏碁選擇檳城以後，很多的企業就跟著後面進去；我們到了蘇比克，大家也都進去，蘇州的情況也是一樣。

實質上，如果我們的步伐晚一點，我就跟著別人的足跡走。跟著人家走有很多好處；除了人家替你精挑細選以外，產業聚落也已經形成。在一個產業裏面，產業聚落扮演非常重要的一個角色，所以，我們也歡迎大家一起來作伴；否則，我們自己去也太孤單了。所以，我們當然希望大家一起來，萬一有困難的時候，彼此也可以互相協助啊。

後來，當然宏碁在歐洲的總部又搬了很多地方，目前歐洲的總部也曾經移到荷蘭，主要的原因還是語言的問題。因為，我們台灣派駐那邊的同仁，在荷蘭的生活比較方便；但是，在德國就在生活上面產生了很大的困難，有一些語言以及文化方面的問題。當然，以加州的矽谷做總部，就像在台灣一樣，太簡單了。以邁阿密做總部，是為了要就

高科技聚落

路和市集便是這樣創造出來的，路愈多人走愈寬；市愈多人聚愈旺。

近照顧中南美的市場；邁阿密那邊好像有一半的人會講西班牙文，幾乎等於是拉丁美洲的一環。新加坡當然可以支援東南亞的市場。在中東地區，我們只能在杜拜設置據點；因為，如果是到沙烏地阿拉伯的話，女性同仁根本就不能出來，那怎麼辦？所以，你看整個中東地區，只有一個杜拜是國際化的，其他國家很難讓外國人進去。

我們起步晚一點，就跟隨別人的足跡而行……

起步比別人早，就讓別人隨著我們的足跡走。

行銷中心的功能部門

- 銷售與行銷
- 庫存與配銷
- 客戶服務
- 技術支援
- 組裝
- 產品研發
- 運籌中心
- 財務部門
- 人力資源開發

在選擇行銷中心的時候，如果從市場行銷功能運作的角度來看，我們從業務的推廣、到庫存、配銷、客戶服務、技術支援、簡單的裝配、進一步的產品開發等等，都需要作整體的考量。甚至於，以那個據點做為區域性的配銷中心，有時候有很多的財務運作，也已經跟母公司不是直接掛鉤了，而是由區域的總部直接控管。所以，談到行銷中心的設置，這裏面要考慮的是很多很多的方向。但最重要的三點還是：

1. 就在市場裡面，或是離市場很近。

2. 配銷及運籌作業（logistic）方便，這又包括物流、電子商務，以及網路的環境等等

3. 行銷的人力資源。

運籌總部的考量

- 總部功能部門的人才供應
- 獎勵
- 外派人員的生活品質
- 貨品、人員出入是否方便

選擇運籌總部（Operation Headquarter）時，最重要的就是要考慮到人的因素．

行銷中心裡，本來包括運籌。而台灣的行銷差，所以就以運籌為輔助。運籌總部裡包括後勤及行銷。物流的重要，不差於製造，而其管理的重要，則更遠甚於製造。製造的品管出入，相差百分之三就很大了，物流的品管出入，相差可能大到百分之三十到五十。這其中的關鍵就在人。

企業需要具備那麼多的功能，比如說，要做區域性的行銷廣告，就需要推動行銷活動的人才。我們必須考量當地提供行銷服務的廣告公司，是不是能夠做區域性的整體行銷？從這一點來看，新加坡

的條件就比台灣好；所以，如果台灣要發動東南亞的行銷活動，要找廣告公司的時候，台灣的廣告公司可以做大中國的行銷活動，但是無法涵蓋香港地區。但是，新加坡的廣告公司，他們本來就是歐美公司來到亞洲設置的一些專業服務的據點，當然就可以提供較全面的行銷服務了。所以，這裏面就說明了，當企業要設立區域總部的時候，當地的人力資源，是不是能夠用得上？

有關政府的獎勵措施方面，實際上新加坡有一個「運籌總部」（Operation Headquarter；OHQ）的獎勵方案，特許在當地成立運籌總部的公司有五年、十年免稅的獎勵；而且，這個「運籌總部」可能只是「區域運籌總部」（Regional Operation Headquarter），所以，業務當然不發生在新加坡國內，等於是境外所產生的業務，新加坡政府都可以獎勵的，只要企業有雇用一定比率的新加坡人等等條件，她就給你獎勵了。

實質上，對於一個外派的人員而言，最重要的當然是生活條件及生活環境；此外，從業務的操作

面來看，這個地方對於貨物、人員及資金的進出，是不是很方便，也是重要的條件。所以，如果從這個條件來看呢，台灣除了在高科技產業上，我們的人力資源與產業結構比香港、新加坡好之外；以目前的條件，要做為區域總部幾乎難上加難，比不上香港及新加坡，就是因為其他很多的因素，我們的條件還是不太夠。

國際資金的考量

股本增資	負債
● 本地聲望與國際形象	● 成本越低、可行性越高
● 資金成本低	● 短期不穩定
● 不干預管理	● 造成危機

　　談到資金的問題，實際上，現在國際的資金流動，比什麼都快；好像是貿易量若干倍的資金，每天就是進進出出，所以也就變成是國際的資金。但是，這些在流動的資金，在企業國際化的運作裏面，我們是把這個資金的流動當成資本，或者當成負債，這個差異就很大。亞洲的經濟危機，尤其是東南亞，應該也包含韓國，都是因為他們國際化的擴充，是用負債的觀念來看待國際的資金。

　　負債的觀念當然是對企業有好處的：不但是成本低，賺了錢也不必分銀行，而且有自己做主的好處；但是，他有不穩定的問題，只要稍微風吹草

動，就可能面臨銀行抽銀根的壓力，這是整個危機的開始，也是一個主要的原因。

如果引進國際資金，長期投入到最後卻變成資產，也可能產生問題。像泰國也是這樣子，當泰國的經濟在高度成長的時候，企業正在賺錢，所以借錢很快；因為如果要別人來投資，企業需要準備諸如公開說明書等等很複雜的工作，而且賺錢還要分人，就是一個很大的問題。企業主往往會認為，我明明可以賺錢了，為什麼要再引進資金，來賺錢給大家？而且，如果讓別人來投資，他就會來影響，進而對我所擁有的控制權有所侵犯，我當然要自己做所有的決定嘛。所以，這是整個亞洲企業長期發展，可能要改善的一個地方。

其實，如果有國際的資金進來，長期變成一個股東，對該企業在國際化及在當地的形象，應該都有所幫忙。我們從另一個角度來思考：國際知名的公司願意來投資，而且資金成本相對地比較低，不賺錢的時候，也不會有銀行要抽銀根的困擾，只是是被股東罵而已，錢還是在公司，整個是完全不一

樣的情形。一般來講，國外的股東不懂當地的運作，他也不懂你國內怎麼管，所以也影響不了企業的實際運作及所有的國際化投資。

宏碁引進國際資金的經驗（I）

- 1987 年發行上市時，有國際資金投資
  ——在台灣開風氣之先
  ——贏得信譽與形象
  ——提高股價
  ——與公司只維持短暫的關係

以下我舉一些宏碁引進國際資金的經驗，做為大家參考的案例。宏碁在 1988 年正式在台灣上市，1987 年在要上市之前，我們就引進了一些國際的投資者，其中包含花旗、大通、住友、H&Q、保德信保險公司等，國內則有中華開發等投資者。因為在那時候，宏碁的做法算是比較有開創性的，所以也在新聞上得到大家的注意，相對地也在社會大眾之前取得一些信譽，當然，當時大家對宏碁的股票也是很看好；不過，後來經營不是很理想，股價有一陣子就一路下跌。

但是，真正來講，今天檢討起來，唯一讓我還耿耿於懷的就是，除了住友及中華開發以外，其他

的法人股東都是賺了錢就離開了。這個跟我初期跟他們溝通的，是不一樣的結果；因爲，我要找的是一個長期的投資者。但是，當時我們沒有經驗，也不曉得像 H&Q、大通、花旗這些法人，他們投資的錢是來自於創投，而創投的策略就是好的時候要走，本質就是這樣；所以，他們也不是對我們有惡意或是信心不夠，而是股價好的時候，多賺一些，他就要賣掉股票，獲利了結。後來我的觀念也調整了一些，何況我們自己集團裡也成立創投公司。現在我把我們的投資者分爲二種：一種是家族成員，不會隨便賣股票，長期互相依賴，合則兩利。另一種則是創投成員。

宏碁引進國際資金的經驗（Ⅱ）

- 可轉換公司債（Convertible bond）& 海外信託憑證（GDR）
  - ——同樣的資金進入，但不影響股票發行數目
  - ——法律文件與展覽
  - ——禁止消息曝光
  - ——全轉換成資產
  - ——國際經理人GDR選擇權

　　宏碁引進國際資金的第二個經驗，是從國際上直接透過私下配置的方式，就直接進入公司。後來，我們有兩種從國外進入公司的資金管道：「可轉換公司債」（Convertible Bond）及「海外信託憑證」（GDR）。雖然公司債本身是負債，但是因為它是可轉換的，所以到適當的時間就可以變成資本；「海外存託憑證」則一開始就等於資本了，宏碁到現在所做的「可轉換公司債」，百分之百也都變成資本了。

　　這種做法對公司的好處是，傳統引進資金的方法，在國內你要打折，所以股權的稀釋比較多；透

過這種方法呢，同樣的錢進來，拿的股權就比較少。但是，相對地，與國內的做法來比較的話，這種做法必須準備很多的法律文件，所以需要較多的準備時間。就是要發行前的兩、三個月，可以說內部都要動員起來了，除了內部會多出很多的工作之外，從外面的契約及法律單位來的要求，也會增加很多的工作。

後來，我們還要
做全球的巡迴說明
會，去跟投資法人去做說
明；實際上，最近這一次是很高興的，
不必做全球的巡迴說明會，三億美金就拿
進來了。這個不是說跑到外面展覽很辛苦，而
是時間真的是不夠，如果省下這些時間呢，可以多
做很多事情。另外，國外在做這件事情的時候，公
司的很多消息，在談判中間不能有任何的公佈；這
個跟台灣的做法就不一樣，台灣的企業在這種時
間，都是要創造利多的消息，但是在國外是禁止
的，禁止這些消息曝光，尤其是從公司內部出去
的，那更不行。

我們在兩年前有一個 GDR 的案例，是創造一
個新的模式：一般而言，GDR 應該是從外面募款
的，但是我們利用 GDR 的機會，由公司自己把部
分的 GDR 買下來，然後變成員工的「股票選擇權」
（Stock Option）。因為，台灣沒有「股票選擇權」的
制度，所以，國內的員工是利用股票分紅的方式來

獎勵；我們對於海外的經理、幹部，就透過「股票
選擇權」方法，也提供一些獎勵的工具。當然，秉
持宏碁一貫的精神，所有的做法都是在合法的狀態
下進行的。

宏碁引進國際資金的經驗（III）

● 全球運作下的本地資金管理
　──母公司信用狀
　──母公司信用轉移
　──設計特別股
　──發行上市前本地信用額度有限

　　在國際化的運作過程中，不管是業務面或者是製造面，實際上，企業都需要有當地的金融機構跟你配合，然而，當地的融資並不是那麼容易。如果是跟跨國銀行在做的話，除非是母公司做同樣的完全保証，或者把母公司的信用額度轉移，他才可以考量當地融資的需求。

　　我們倒是在馬來西亞有一個很特殊的案例；馬來西亞的中央銀行對於外銷的產業，有一些優惠的外銷貸款，但是，同時馬來西亞又規定爲了讓保障馬來西亞的銀行的生意，不准外商銀行做生意。當時，我們又覺得在馬來西亞不需要有那麼多的資

金，所以，我們後來找花旗銀行，他就替我們設計一種特別股的模式。這個特別股是等於借錢，不過因為它是特別股，所以它等於是一個股本；我們在馬來西亞的股本越多，就可以跟中央銀行借越多的錢，也就不必再跟外商銀行借錢。實際上，因為是特別股，本身又像是一個貸款，所以，花旗銀行（外商銀行）也同時做到生意了。

我的意思是說，很多這種點點滴滴的東西，都需要在法令的架構之下，來想到一種新的模式。像「海外信託憑證」、「股票選擇權」等等模式，也是都要在法令的架構之下，要克服法令的限制，而且應付你的業務上的需求，同時又要在很健全的安排之下，符合當地法律的架構，

這些都是要花很多時間來規劃的。所以，企業在海外當地，要拿到獨立的信用額度，並不是那麼簡單的。

宏碁引進國際資金的經驗（IV）

● 在新加坡、墨西哥公開上市
　──21 in 21 計劃
　──對行銷有利
　──資金流通低及本益比低
　──對員工較缺乏激勵
　──很難處理利益衝突

　　　這裡我也和大家分享一下，宏碁在當地的上市
經驗。我們大概在 1993 年左右，提出「21 in 21」
的計劃，就是希望整個宏碁集團，在 21 世紀有 21
家公司上市。當時的想法是，宏碁在海外的公司，
應該在很多國家都可以上市；但
是，後來發現，在海外上市
雖然容易，但是營運起來
並不是很理想。

　　　在海外上市，變成當地
的公司，當然對公司的形象
是有幫忙的；但是，相對於台

灣股市的活絡性，海外公司股價的本益比就比較不利。所以，相對於在新加坡的員工跟台灣的員工，就會產生不平衡的現象：同樣做那麼多績效，但是在不同的地方卻有不一樣的結果；所以，這個問題就變成管理上很大的困難。

此外，由於台灣的法令沒有很嚴密，所以有些企業就鑽法律的漏洞，從事利益輸送的行為，雖然大家一直在檢討，結果好像也沒有什麼用。而我們既然是股票上市公司，當然就不能像一些的企業，在光天化日下，做利益的轉移。尤其是在國際上，利益衝突（Conflict Interest）是一個很嚴重的問題，就是當很多利益發生衝突時，利益相關者都要避嫌等等這些規定；因此，企業在做決策的時候，都要非常地謹慎。

由於我們在國內的單位跟海外的單位之間，很多業

相同母公司的不同股票，我們的本益比很低…

我們的也是…

務上的關係，這裏面當然需要去有效地管理利益衝突的問題。我們是自認為都是很保障所有小股東的權利，但是，實質上可以質疑的地方還是非常多，就很難管理；所以，我們都決定下市。

實際上，在海外上市是很簡單、很正常、很容易的，下市反而是很難的：下市的價錢應該怎麼定才是合理的？像在新加坡的法令，政府為了要保障他們投資大眾的利益，企業要下市的話，總是要花六個月以上的時間，其中還不包括先期作業還要法院的認同，有很多的各種股東會要一開再開，開股東會的時候，宏碁不能出席，只有非宏碁的股東才能出席，甚至連宏碁的經理者也不能出席，不能代表等等，有很多這種規定，讓公司的下市變得非常的困難。

當然，公司上市的目的就是希望能夠永續，當他發現不能夠永續發展的時候，如果在美國就很簡單，不是合併，就是分割，一家變兩家都可以，很方便。實際上，股票上市是未來資本市場一個很重要的架構；這個架構是在保護投資者、消費者以及

社會的資源。因為，如果沒有這些資金的挹注，企業在發展的過程中，會喪失很多的時機，同時很多的資源也都會消耗掉。

整個「21 in 21」的計劃，實質上，在台灣當然是非常的成功；其他亞洲地區的公司，興趣也是很濃的，因為，他們員工幹部可以自己成立公司，將來能夠上市。但是，問題是，能不能建立一個完整、能夠獨立、永續發展的公司？這個，才是我們要深思的地方。

以宏碁在海外上市的經驗來看，在新加坡的狀況就不太理想，當然，我們以後還在思考在亞洲其他國家的可行性。至於宏碁在歐美地區的公司，信心就不夠，歐美的員工也沒有什麼獎勵；尤其我在1996 年，本來希望推動美國上市的計劃，但是，後來因為業務也不是做的很好，所以有挫折，以後這個計劃改變型態，變成都是「全球事業單位」（Global Business Unit；GBU）了。現在，以台灣為據點的GBU，大概都會快速的上市，二十一家上市公司，也是遲早的事情。

宏碁全球化製造運作的經驗

- 成立一組團隊建構製造的原則
- 將技術、經驗移轉給當地管理人員
- 借重國際經理人建立嶄新的全球化運作
- 輕易、迅速達到運作與產品的標準
- 所有據點都很成功

相對來說，宏碁在國際化過程中，我想有關製造的經驗，可以說到目前，都是非常成功的。一開始，當然我們要有一個團隊，不管二十個、三十個、五十個，看規模的大小；但是，像在馬來西亞，我們現在應該只剩下三、五個外派的人員，剩下的都是當地化的人才；主要的就是把技術、經驗等，都轉移到當地的管理者。

實質上，我們也已經借重馬來西亞的工程師，協助我們建立在墨西哥、蘇州等地的作業；也就是說，我們自己的人力不夠了，還可以借重他們。不過，當我們要借重蘇比克的人才時，問題就來了，尤其到美國去；因為菲律賓人要到美國去，並不是

那麼容易，尤其是女生，所以有時候就很難派的出人。甚至於也會擔心說，派到美國的人，是否會不回菲律賓？也是一個要擔心的事情。

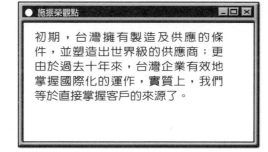

● 施振榮觀點

初期，台灣擁有製造及供應的條件，並塑造出世界級的供應商；更由於過去十年來，台灣企業有效地掌握國際化的運作，實質上，我們等於直接掌握客戶的來源了。

除此之外，相對地，菲律賓人是比較能夠達到我們的預期的標準；不論是從品質的角度、從效率的角度、及從成本的角度，都更具競爭力。所以，整體說來，宏碁在全球化製造運作的經驗，都是非常成功的；我覺得，這也是台灣很重要、而且能夠掌握得到的競爭力。

初期，台灣擁有製造及供應的條件，並塑造出世界級的供應商；更由於過去十年來，台灣企業有效地掌握國際化的運作，實質上，我們等於直接掌握客戶的來源了。其實，這些客戶只要找到台灣的企業，來負責整個亞洲地區的業務，幾乎就可以解決他們所面臨相關的問題；對彼此來說，是一種雙贏的合作模式。

海外建功回來便能空降高的職位。

無功而返便無法調升到好職位…

我們在這個全球化製造運作的過程裏面，尤其是明碁的案例，我覺得更是值得一提的：明碁派外的那些人才，在三、五年之後回到台灣，因爲在海外的歷練，有很好的機會在台灣擔當大任。像以前我們外派到歐美的行銷人員，往往會因爲沒有建功，所以回到台灣後，位置反而比較不利；但是，在製造方面的外派人員，一般回來，都有很好的發展。像現在達碁的總經理、達方原來的總經理、達信的總經理等等，都是外派馬來西亞再回來的；所以，我想那是一個很重要的歷練。

宏碁國際行銷的經驗

- 在未開發國家較容易，在已開發國家較困難
  - ──客戶服務
  - ──顧用當地第一流人才
  - ──分公司與總部互信
  - ──庫存管理
- 零組件／周邊產品比系統產品容易做

談到國際行銷方面，當然在先進的國家做行銷很累，在開發中國家相對地就比較簡單。主要的原因是：在先進國家做行銷，最大的挑戰，當然是客戶的服務問題；由於我們很難吸引一流的人才，又牽涉到誰聽誰的問題，所以容易造成服務的瓶頸。其中的關鍵是，當地的員工常自認為是一個優秀的民族，是否

雖然你的職位比較大，但我們的人種比較高。

應該聽聽台灣的意見？這裏就產生了台灣總部跟各區域總部之間的信心問題。

本來我以為只有在個人電腦產業才有這種經驗，後來我發現其他的電子業，也有類似的情形發生。據我所了解，比如說濟業、普騰的問題都是庫存管理的問題。當地的行銷人員常認為，反正是做行銷，貨越多越方便行銷活動，賣不出去，則是別人的問題；但是，實際上就卡死了，損失慘重。

本來我也了解在先進國家，我們所面對的問題，所以，才有所謂「鄉村包圍城市」的策略。實質上，宏碁品牌的個人電腦系統，都很成功地佔領了第三世界的國家（鄉村）；在 1995、1996 年之後，我們發現，應該可以進攻美國等已開發國家的市場（城市）了。最後，還是無功而返。當然，我覺得不成功的主要因素，各方面都有：資源不夠、能力不夠、地況也不了解，還有遠征軍當然也是比較不利；反正，就是困難很多，整體情勢對我們非常不利，幾乎是一開始就輸定了。

不過，對於第二波的「鄉村包圍城市」策略，

我們寄予厚望，希望這次會成功，我也相信應該會成功的。第二波的模式不是地理的鄉村了，是產品線的概念：產品線就是說，個人電腦是城市，週邊的產品、零組件是鄉村。所以，美國我們現在在賣電腦

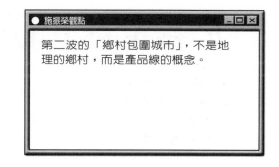

施振榮觀點

第二波的「鄉村包圍城市」，不是地理的鄉村，而是產品線的概念。

週邊時，就利用個人電腦所建立起來初步的品牌，相對的就相當的順利。

實質上，我們在日本跟韓國也是透過這種新的鄉村包圍城市的模式：雖然韓國不是大城市，但是，韓國的民族性根本不容許外商進去，所以當然很困難打入當地的市場；日本對品質的要求、對售後服務的要求、對於經銷商的關係的問題等等，當然更難進入。宏碁要進入日本市場的時候，曾經也有八年抗戰的準備，不過，經過八年，還是失敗；不過，由於我換了新的策略，鄉村包圍城市，我就賣零組件，結果，成功了；現在，這兩年在日本就都賺錢了。

宏碁全球化研發的經驗

- 在美國較能創新（渴望電腦）
- 商品化過程很複雜
- 很難與總部運作整合
- 向 SBU 主管報告，決定計劃的優先順序
- 誰領導誰的問題

前面說明了，美國創新的環境比較好，像宏碁的 Aspire（渴望電腦）就是在那邊發展的。以宏碁在研究發展的經驗來看，美國現在雖然有很多創新的產品，但是，很多商品化的過程，慢慢地都需要跟亞洲做分工整合；所以，本身如果沒有很好的經驗，沒有一套很好的程序，實際上是相當複雜的。這個也是為什麼 OEM（代工生產）打不過 ODM（代工設計及生產）的原因。

你想想看，如果來到美國成立研發中心，美國只是設計好了，就丟到亞洲來生產，這個到最後會輸給 ODM。主要原因就是說，商品化不是只有製造，商品化的過程是連材料的選擇，都是很重要的事情。

以宏碁的例子來看，比如說我們在美國，早期購併了康點電腦（CounterPoint）、後來的 Altos、及最近的德州儀器（TI），都面臨相同的問題。不過，TI 那一次就比較清楚了；TI 那一次很簡單，就是因為當地很難跟總部整合，所以，我們一開始就說：「對不起，今天老闆是台灣，所以，你必須整合到台灣來，就是聽台灣的話」一開始就解決這樣一個問題。也就是說，「策略事業單位」（Strategic Business Unit；SBU）要做商品化的工作；因為，商品化包含整個計劃資源的分配、優先順序的問題，所以，整個過程不能說只有美國單獨在做。

其實，美國也可以單獨做，就像渴望電腦，美國可以單獨做很多工作；他要求台灣做很多的配合，但是美國要求做主。從台灣總部的角度來看，美國要做主，那你做主好了；但是，總部也有自己的優先順序，只能儘量的配合。結果，當然就不是最完整、最理想的方法；所以，這還是牽涉到誰管誰的問題。

總結

- 製造據點很難搬遷，卻容易管理
- 在西方國家要有效管理，是個大挑戰
- 軟硬體基礎建設較勞力成本重要
- 欠缺有經驗的人才是國際行銷的主要瓶頸

　　關於國際化的過程中，銷售據點的設置，反正也沒有投資多少，所以可以很快就做決定；製造據點的設置是比較不容易做決定的，尤其你千里迢迢，要把那麼多人力移到海外去，總是要有適當的規模，否則根本是不能動的。但是，選定了以後，相對地就比較好管理；因為，日常的流程、紀律與管理跟台灣幾乎是相似的。不只是相似，台灣管理上面常常不好要求的部分，到海外反而是盯的緊緊的，所以，海外的據點，甚至比台灣做得更好了，差不多的情況都是這樣。

　　因為製造是對內的，所以比較容易管理；尤其

大概都在亞洲地區，所以比較好談。但是，在西方國家要有效地管理製造，則相對的困難度就比較高；實際上，不是語言的問題，而是太多文化、概念、習慣都非常不同，所以並不是那麼容易管理的。不過，講起來這個應該也沒有什麼了不起；美國人可能也會講同樣的話，來到台灣也不好管，也是不小心就被坑了，同樣的問題。所以，在製造的層面來看，產業的結構還是比勞工的成本更重要。

其實，台灣的製造能力及經營的訣竅，已經具有世界級的水準；但是，台灣行銷的能力則是馬馬虎虎，可能只是三流的水準。所以，以三流的水準要到海外管人家，如果我們能夠聘用一流的人才，當然你就管不著；如果也是僱用三流的人才，當然會打輸人家。但是，製造的話，我們是世界第一流的，要擴張出去，當然是很容易，說服力也比較強。

就如同前面所說的，地點的選擇，勞工不是主要關鍵；因為，可以替代的地點實在太多了。所以，你這個產業所需要的一些基礎建設，才是值得

好好地考量的關鍵因素。

　　台灣企業要國際化，當然最難的就是國際化經驗的人才不夠；就是因為人才不夠，我們應該更積極地投資，尤其要花更長的時間，來培養國際化人才。實質上，培養行銷的人才比培養製造的人才，花費更多、時間更長、風險更大，實在不是好的考慮方案：因為，說不定你投資了半天，替你公司虧了一大堆錢以後，你可能也不太想要他，所以，他就把這個經驗帶給別人。企業國際化人才的培養，是需要有極大的勇氣與決心。

　　宏碁標竿學院最近和美國最頂尖的商業研究院、國際企管排名第一的Thunderbird，American Institute of International management，有一個策略聯盟的合作計劃，引進

台灣的製造業及營運達到世界一流水準。

這是事實。

對方的國際化學程，以進一步提昇台灣企業主管的國際化能力。其實，Thunderbird 在 1946 年成立的背景，就是因為美國的企業要國際化，卻發現人才不夠，就是這麼簡單的一個原因，就成立這樣一個，現在是美國第一名的國際管理（International Management）學院；它不是一般的管理碩士（MBA），而是國際管理碩士學位（Master of International Management）第一名。

所以，可見一切的一切，還是人才的訓練；人才還是扮演很最關鍵的角色，也是我們整個全球化發展，必須考慮的重要因素。

孫子兵法
形篇

孫子曰：

昔善者，先為不可勝，以待敵之可勝；不可勝在己，可勝在敵。故善者，能為不可勝，不能使敵可勝。故曰：勝可知，而不可為也。不可勝，守；可勝，攻也。守則有餘，攻則不足。昔善守者，藏於九地之下，動於九天之上，故能自保全勝也。

見勝，不過眾人之所知，非善者也；戰勝，而天下曰善，非善者也。故舉秋毫不為多力，視日月不為明目，聞雷霆不為聰耳。所謂善者，勝易勝者也。故善者之戰，無奇勝，無智名，無勇功。故其勝不殆，不殆者，其所措勝，勝敗者也。故善者，立於不敗之地，
而不失敵之敗也。是故，勝兵先勝，而後戰；敗兵先戰，而後求勝。

故善者，修道而保法，故能為勝敗正。法：一曰度，二曰量，三曰數，四曰稱，五曰勝。地生度，度生量，量生數，數生稱，稱生勝。故勝兵如以鎰稱銖，敗兵如以銖稱鎰。稱勝者戰民也，如決積水於千仞之隙，形也。

※本書孫子兵法採用朔雪寒校勘版本

形篇

昔善者，先爲不可勝，以待敵之可勝；不可勝在己，可勝在敵。故善者，能爲不可勝，不能使敵可勝。..........昔善守者，藏於九地之下，動於九天之上，故能自保全勝也。

　　在孫子的眼裡，眞正高明的將領，會先使己方立於不敗之地，然後等待對方露出破綻，一舉取勝。自己如何立於不敗之地，是可以掌握的；對方何時露出破綻，則不是我們可以掌握的。因此，眞正的將領可以做到的是使自己不敗，而不是使敵方可勝。然而，一個眞正懂得防守，使自己不敗的將領，行軍起來，不是藏於九地之下，別人根本無所覺察，就是動於九天之上，別人要追也無從追起。

　　經營企業，先要使自己立於不敗之地，有三個重點：

　　一、氣長。這樣体力與資源可以不要消耗太大。

　　二、活加光氣長還不行，還必須不要失去活力，變成植物人企業。

戰略的目的

從前善於用兵作戰的人，總是先創有利形勢，使自己不然後等待可能被敵人戰勝，戰勝敵人的機會。

我軍能否立於不敗之地，操之在自己，

敵人有沒有犯錯誤，而使我有得勝機會，卻操之在敵人。

所以善於用兵作戰的人，能使自己無機可乘，不讓敵人有可勝的機會，但是，不能使敵人必定為我所勝。

三、建立核心競爭力。譬如基本的經營團隊，或是自己擅長的製造或行銷能力等等。

　　這樣企業才能建立不敗的核心競爭力，也就是立於不敗之地。立於不敗之地以後，才能視機而動，看機會進入很關鍵的東西。

　　宏碁在國際市場的開拓上，很多例子都是先立於不敗之地後，再接受很多其他人敗掉的企業與市場。

所以說：勝利固然可以預知，但是敵人有無可乘之隙，卻不能勉強造成。

守

當我無法戰勝敵人時，應採取防守方式；

攻

可能戰勝敵人時，應採取攻勢。

見勝，不過衆人之所知，非善者也；戰勝，而天下曰善，非善者也。故舉秋毫不爲多力，視日月不爲明目，聞雷霆不爲聰耳。所謂善者，勝易勝者也。故善者之戰，無奇勝，無智名，無勇功。故其勝不忒，不忒者，其所措勝，勝敗者也。

在孫子的眼裡，驚險取勝，因而天下都覺得這是個了不起的將領，其實並沒有什麼了不起。眞正高明的將領，應該把每場戰爭都規劃到別人毫無反手之力，看起來好像是專門打一些容易取勝的仗一樣。這樣的將領，在別人看來是沒什麼聰明可言，沒什麼勇敢可言，沒什麼新奇可言，但他是眞正高明的將領。

商場上的道理是相通的。

一般來說，今天很多人做了些錯誤的示範。他們強調產品要搶先推出，促銷要做得熱熱鬧鬧，許多網路公司就是這種例子。大家拚命造勢，搶著當這個第一，那個第一，事實上虛而不實。這都是在抓一兩樣自己以為是優勢的地方來大做文章，結果往往不免做得虎頭蛇尾。

　　真正高明的人，是全面性的，每個方面都在形成優勢。這樣當他要採取高姿態時，在市場上要露一點動靜，就露一點動靜；要採取低姿態，使沒人能夠覺察。等他全面掌握了局面後，別人根本無從追趕。

　　Dell 是個例子。Dell 剛要做電腦的時候，沒有人看好他。但是他就默默地建立核心競爭力，並且是和傳統不同的核心競爭力。這樣等後來 IBM、Compaq 等發覺不對，要有樣學樣的時候，一是來不及了，二是根本就無從學起。

先勝求戰

善用兵作戰者，先要站在不失敗的基礎上，使敵人無機可乘，

而且不要錯過敵人敗亡之機會。

所以勝利者都是先創造必勝的條件，然後再與敵人作戰；

現在已有致勝的把握，衝出去將敵人打敗吧！

殺！！

是故，勝兵先勝，而後戰；敗兵先戰，而後求勝。

所以，打勝仗的，都是先掌握了勝利的局勢，再戰；打敗仗的，則反其道而行，企圖先戰之後再求勝。

經營企業，掌握了核心競爭力，善加發揮，再和對手競爭，就是先勝而後戰。反之，則是先戰而求勝。

很多企業不思改進自己的核心競爭力，只迷信廣告，就是先戰而後求勝。另外，價格戰也是一個先戰而後求勝的例子。

戰就是消耗兵力。如何臨場而不自亂陣腳，要注意兩點：

一、敏感度要夠。隨時覺察自己的順與不順，分析其中的原因；就算贏，也不能沒道理地贏。

二、信邪。當你一個 cycle 沒完成就碰上問題時，當然應該堅持完成。但是如果你碰上兩個、三個 cycle 都完成了，還是不順的時候，就要信邪；重新檢討，改弦更張。

有些時候，不戰反而可能少虧，保留資源，養精蓄銳。停戰，不是消極，而是練兵。

至於失敗者呢？

這次兵爭勝算如何？

他總是先與敵人作戰⋯

管他的先打了再說！

然後再僥倖求勝。

完了！沒想到敵人這麼強悍⋯

善用兵作戰者的勝利，既顯不出智謀的名聲，也看不出勇武的功勞，因為他的取勝都是有把握的，他之所以有把握，是因為他的措置都已先站在勝利的基礎上，自然能勝過那些已經顯露出失敗徵兆的敵人。

孫子兵法

故善者，修道而保法，故能為勝敗正。法：一曰度，二曰量，三曰數，四曰稱，五曰勝。地生度，度生量，量生數，數生稱，稱生勝。故勝兵如以鎰稱銖，敗兵如以銖稱鎰。

地生度，是測度地形。

度生量，是測度地形來判斷可以容納的兵力。

量生數，再研究怎麼配置兵力。

數生稱，然後再和敵方的兵力比較。

稱生勝，比較後就知道如何取勝。

鎰是銖的四百八十倍，相比懸殊。而勝兵就好像以鎰稱銖，敗兵就好比以銖稱鎰。

商場上，測度方法有二：

一是質，就是客戶滿意度，品牌形象。

一是量，就是市場佔有率。標準軟体，最少得有百分之五的佔有率。關鍵零組件，要百分之五以上。在一些關鍵的市場區隔裡，最好在百分之十以上。

再怎麼少，不能少過百分之三。當你和競爭者的佔有率差一點的時候還好，差到十倍以上的時候，就不必打了。就是以銖稱鎰。

賣房子是個例外。房地產業的市場佔有率再小也沒關係，因為你要賣的那一棟房子只要找到要買的人就可以。

善於用兵者，修明軍政，確保法制，所以能主宰勝敗。

用兵之法是：
一、判斷戰區戰線。
二、部署計畫投入的力量。
三、需要人力物力的數目。
四、比較權衡雙方政治及軍事。
五、戰勝敵人。

根據地形產生作戰判斷，根據判斷產生部署計畫，根據部署計畫決定人力物力的數量，根據數量比較權衡，最後得出勝算的結果。

稱勝者戰民也，如決積水於千仞之隙，形也。

孫子指出：懂得作戰的將領，帶兵就好像把積水從千仞高山之隙引洩而出，因為他掌握了形。

企業經營者可以如何善用這個道理？

經營者要掌握兩個形：

一、需求。掌握市場未來走向，順勢而為。

二、供給。透過自動自發的獎勵、使命、企業文化，來一鼓作氣，創造大家共同利益。更高明的企業領導者，還會開創流行，開創價值，讓市場眷愛他。這是美國最厲害的地方。

戰爭之勝利者，
通常集中一切
有形無形的優勢軍
力於決戰地點，
若以鎰稱銖，
等於四五百倍的懸殊，
敗者恰好相反，
居於絕對的劣勢。

掌握勝利契機的軍旅，在作戰的時候，
像從八千丈高的山澗中放出積水一樣，
勢不可擋，這就是敵人無從抗拒的形勢了。

問題與討論
Q&A

Q1 選擇行銷中心的各種整體考量之中，最重要的因素又是什麼？

A
1.就在市場裡面，或是離市場很近。
2.配銷及後勤作業（logistic）方便，這又包括物流、電子商務，以及網路的環境等等。
3.行銷的人才資源。歐洲的比利時，亞洲的新加坡，都在設法起這種作用。

Q2 為什麼在選擇運籌總部時特別強調人的因素？

A
行銷中心裡，本來包括運籌。而台灣的行銷差，所以就以運籌為輔助。運籌總部裡包括後勤及行銷。
物流的重要，不差於製造，而其管理則遠甚於製造。製造的品管出入，相差百分之三就很大了，物流的品管出入，相差可能大到百分之三十到五十。這其中的關鍵就在人。

為什麼特別重視可以長期一起配合的法人？那麼，什麼樣的企業又適合找創投呢？

 這是過去的觀念，現在則有調整。何況我們自己集團裡也成立創投公司。現在我把我們的投資者分為二種：一種是家族成員，不會隨便賣股票，長期互相依賴，合則兩利。另一種則是創投成員。

 『宏碁集團下所有的公司，會有利益衝突的母公司的董事席次都不過半，在股東相互制衡的情況下，自然就可解決利益衝突的問題。』
是否可略做進一步說明。

A 我非常不認同利益輸送。在美國，大家注意利益衝突已經是文化了，在台灣不是。

我自己雖然有這種認知，但是為免有所疏漏，為免有所盲點，所以還是從制度上著手，讓母公司的投資比例不要超過百分之五十一，讓子公司是真正獨立的公司。

我們雖然身體力行，但頂多是被認同而不是肯定。因為大家都不習慣攤牌打牌，所以總不相信我們這樣做的本意。

Q5 宏碁在上海成立軟體研發中心，事前如何評估？事後又如何分析？

在大陸成立軟體研發中心，運用當地的軟體工程師，是企業一個比較長遠的佈局。因為，宏碁在國際上打仗，比勞力的話，根本不怕其他的國際企業，早就已經有了嘛；而現在就是要比腦力，從這個角度來看，台灣是絕對不夠的。所以，我們就想要在大陸，慢慢地訓練一些人才。

實質上，就宏碁的立場來看，初期在大陸成立軟體研發中心能考慮的地點，大概只有北京和上海。此外，因為我們考慮軟體工程師可能跟市場比較有關，有市場的頭腦是比較重要的，所以，我們就選擇上海，主要就是因為上海比北京更接近市場的核心。

初期，我們希望當地軟體工程師的主要工作，都是與國際市場有關的；所以，一些時效性比較不是那麼急的、需要比較多人力的，我們就拿到上海去開發。但是，如果從長期的角度、業務的發展來看，當地市場所需要的軟體，應該是會越來越多；所以，我想站在上海的角度，應該這個考量是最主要的。其次，當然是因為上海也有很好的大學，像是復旦大學、交通大學等等，人才相對不錯，而且以相同的成本來看，當然在上海所能找到的軟體工程師，其學歷比我們在台灣可以找到是較高的。

我們在上海成立軟體研發中心的考量，當然是從長計議。所以，剛開始的規模，先掌握差不多是五十個、一百個人的開發團隊，高新軟件成立還不到兩年，現在大概兩百多人的樣子。慢慢地，我們希望這些經驗可以累積，到目前為止，我們當然是覺得很不錯；希望建立上海軟體研發中心的基礎以後，將來要擴張應該是多地點，而不是只在單一地點而已。實際上，明碁在蘇州也有一個軟體的研發團隊，在做手機的一些軟體；現在，在中山的製造廠的旁邊，應該也會有軟體的研發團隊。軟體工程師不像工廠的作業員，只要提供宿舍，就可以把人從內陸帶到製造的據點，軟體研發中心可能直接就設在大學旁邊的核心地點。尤其現在資訊技術那麼方便，你所做的一些成果，只要有一套好的管理制度的話，馬上都可以有效地整合在一起。

我們看了很多軟體投資的案例，從投資的角度來看，對台灣的廠商而言，資金絕對不是問題；最大的挑戰，當然是有效地管理。如何有效的管理呢：我覺得有兩個模式：一個就是由我們主導，然後慢慢地去訓練當地的人才。我們剛開始去的人，也許一下子可以管五十個人；但是，如果要管一千個人怎麼辦？你要派一大批人去管？還是要長期培養當地有默契的管理人員？等等，這些都需要再去考慮的。另外一個是說，是不是就直接跟當地的軟體公司合作。這種模式可能經營的主導權，會比較有問題；因為，現在還有一個問題，在大陸投資軟體事業，可能最擔心的還是智慧財產權的觀念問題。如果是你自己主導的話，可能從長期的溝通跟企業文化裏面，有機會慢慢地建立起比較正確的智慧財產權的觀念。

Q6 有關智慧財產方面，宏碁用什麼方法可以防範員工在學會經驗後，跳槽到別家公司？

如果純從經驗的累積、Know-how（知識）的建立，這個觀點來看的話，本來每個人都是自由的，任何一個地方、任何一個公司，他都能夠去的；在法律上，他有絕對的自由選擇權，這是他人權的一部份，我想這種人權大陸是存在的。所以，我們也只有用國際的慣例，透過僱傭的合約，將員工在公司裏面所產生的智慧財產權，歸屬於公司的財產，這一部份要有所保障。至於過程所累積的 IDEA（想法）、所累積的經驗，如果沒有記錄下來，是放在他腦筋裡面的東西，我想在全世界都一樣，只有透過智財權的法令來規範。

關於這一點，我是覺得沒有什麼好顧忌的；因為，如果要顧忌的話，等於是和我們走到街上，隨時可能會被車子撞一樣，那就沒有必要。此外，從整體的角度來看，因為你培養一個人，被別人所用，你可能對社會還很有貢獻，是有成就感的；如果是從這個角度來思考，你就不會覺得不舒服了。

Q7 宏碁在大陸設廠地點的選擇，其方式及考量爲何？

宏碁在大陸設廠的地點，大概都會選擇像蘇州、中山之類，屬於跨國企業的駐在地，比較不是中小企業能去的地方；這是因為，我們覺得這種地點的環境，在各方面的條件是比較好的。當然，也許像那種地區初期的投資，相對的也都比較大的；比如說，我們要一塊很大的土地，要作長期規劃，要考慮投入很多的建設成本等等。但是，我們還是選擇跨國企業比較多的地方。

至於對員工生活的照顧方面，一方面我們當然儘量提供住的宿舍，讓他有好的、適當的生活環境；另外一方面，因為我們對員工在台的家屬有責任，所以，宏碁在當地的管理應該有一點規矩。因為，如果外派人員到大陸去，產生了一些家庭上，或者生活上的問題，公司是有責任的；好在宏碁的文化還好。到那邊去，我們當地的主管也負起維持企業文化的責任，不但外派人員一律住在一起，還實施晚點名制度；如果有什麼風吹草動，馬上就把他調回來了。其實，公司也沒有明文寫得太多，但是，這個大概不至於有什麼問題。

企業國際化之後，可能會影響母公司的經營規模，宏碁如何思考外派人員回母公司後的位置或升遷管道？

 這個問題的關鍵就是，母公司的舞台要不斷地擴張。從管理的角度來看，如果公司內部沒有舞台的話，也只好讓他離職；因為，人才太多的話，大家碰在一起，不會有好的發展。所以，宏碁集團最大的特色，就是因為不斷地在創造舞台，而給優秀的人才有充分發展的空間。

像現在從馬來西亞回來的外派人員，當國內公司的總經理就有四個了。像達碁的規模不小，2000 年營業額應該有新台幣兩百五十億，其中賺五十億，大概沒有什麼問題，現在的總經理，以前也是馬來西亞的總經理。還有，集團財務長，三個總監、以及一個公司財務長，也都是從馬來西亞回來的。

實質上，以長榮為例，因為業務的關係，我常在世界各處飛，有時是搭長榮的班機，有時是搭華航的班機。我就發現，每一個點，歐洲的點、美國的點、杜拜的點，長榮的駐地主管，都是海運出來的，航空公司所有空運的主管也都是航運出身的。所以，一個企業如果不繼續發展的話，是無法留住優秀人才的。

當然，美國的企業是無所謂的，反正，連董事長都可以走了；所以，美國公司的人員是一批一批換的。但是，亞洲的企業是一些人，大家志同道合湊在一起；當然，還不至於說到長相左右、生死與共的地步；但是，總是彼此的關係非常的密切。如果，就只有這麼一塊地，這麼多人擠在裏面，根本不可能是長久之計；所以，開拓舞台是唯一的辦法。

宏碁目前有多少家是上市公司，哪些公司經營得比較成功？其中，人才如果有相互交流的現象，應如何迴避利益衝突的問題？

 宏碁現在在台灣有六家上市公司，國外本來有兩家上市公司，不過，在新加坡的上市公司，現在已經下市了。在墨西哥的上市公司，則是在買回股權，根據上個禮拜（2000年四月15日左右）的消息，只剩下 11% 還沒有買到；本來宏碁是佔墨西哥公司股權的37%，現在應該是佔 89% 左右。我們準備，如果股票都買齊了，就會把墨西哥公司下市。

至於說哪一家公司經營得比較成功？我想，應該這樣回答說：宏碁集團在發展的過程裏面，宏碁科技（Sertek）本來是整個集團的母公司，後來變成是宏碁電腦的子公司。明碁原來是達碁的母公司，但是，達碁今年的資本額應該會超過明碁。諸如此類的發展，我們沒有辦法比較他們經營的好壞，只能夠說，整個宏碁集團就像一個家族，一代一代，每一個個體都是獨立的個體。就像一個新生兒，當他長大成人，在社會生活後，發展到最後的境界，有的當總統，有的當部長，有的當工程師等等；我們不會做現況的比較，只要他們都是好的公民，不要去當流氓就好了。

公司也是一樣，尤其他是永續一直在發展，而且還會要生小碁的；這個情況之下，你用五年、十年這麼短的時間，來判斷他的成功與否，我覺得是非常不公平。其實應該是沒有所謂敗、成跟比較等級的，應該長期讓他有自由發展的空間；其實，每一個公司都有發展潛力，就看就每一個公司的領導者要如何經營。而且，即使在同一個公司中，領導者也不是同一個人，可能在五年、十年就換個領導者；這個公司的領導者，在每一個階段發展的可能性是怎麼樣，也是很難預估的。所以，我沒有辦法斷言，現在的每一個公司的狀況。

至於說，怎麼樣解決利益衝突的問題?很簡單。因為宏碁集團下所有的公司，會有利益衝突的母公司的董事席次都不過半，在股東相互制衡的情況下，自然就可解決利益衝突的問題。因為宏碁集團下所有的公司都是董事會做決策，董事會的決議當然是採多數決，而與宏碁母公司有關係的代表，都以不過半為原則；另外，如果在做決策的時候，有真正明顯地利益衝突的話，有利益衝突的人自然就迴避，不參加意見。這樣行之有年的原則，我想就可避免關係企業之間，互相利益輸送的問題。

其實，大集團內部關係企業之間互相的利益輸送相當普遍，好像不只在台灣，日本、韓國、東南亞等國家，都是這樣。我自創立宏碁就十分反對這種作法，這個也是我十幾年來，一直在塑造的一種新的模式，希望為亞洲企業建立一個新的典範。

Q10 在選擇海外據點時，如何評估當地的投資風險？如何有效地管理公司的研發成果及人才？

A 從宏碁創立的第一天開始，我們不斷地在內部強調：「不打輸不起的仗」。其實，即使我們不要談國際化，就算在國內的任何的投資、擴張，都是一種風險；在面對風險的時候，本質上你做決策的時候，就要考慮到即使不幸失敗，都要以不能拖垮整個公司的原則。就算先不要談公司，包含我自己在投入宏碁的時候，我所投入的資金，儘管全部都是可以全權處理，而且是自己在管；但是，我心理上已經準備說，萬一垮掉的時候，我可以輸的起。所以，我認為不只是國際化，企業所有的投資，都要從這個角度來考慮。

我舉一些例子來說明：當宏碁在投入到海外設廠，像馬來西亞開始的時候，在台灣當然已經有足夠的據點；所以，萬一海外設廠不成功，對我們來說，只是擴張緩慢、有一些損失，但是，不會影響大局。當明碁進一步把電腦顯示器的生產，從台灣全部移出去的時候，同時在馬來西亞、大陸已經都有相關的工廠，而且運作的相當成功了。不只是這樣，假設有一天，宏碁要把所有的製造都移到海外的時候，我一定要考慮宏碁在台灣的企業活動，它的質量、重心一定是要比海外還要更大，因為我的重心在這裏。所以，我一定要考慮，比較高附加價值的產品，像 LCD（液晶顯示器）的生產，或者更多的研究發展，仍然要根留台灣；如此一來，即使萬一有些一去不回的投資，對母公司也不會有所影響。其實，美國的企業就是這樣，只要他們把製造移到亞洲來，就是一去不回，不過他們還是「死」不了。

有關核心競爭力（Core Competence）在研展技術的這個問題，主要就是看你的感受。因為，研展是一點一滴的，這些研展的人才是不是能夠掌握得住，當然是很重要的議題；如果少數人離開了，根還留下來，因為你的根留下來是一群研展的人才，以及很多成果的文件，很多的軟體、很多的專利，這些如果由下面來接，能夠接的上的話，就可以繼續傳承。你不能說只有某個人，才是企業的核心競爭力，公司必須有把握說，這個技術的競爭力是處於公司掌握之下的，如此才可以談企業經營的永續發展。

譬如說，你現在要到大陸、以色列或者到美國去建立一個「競爭力中心」（Competence Center），那你就要想想，有沒有這個把握，因為你是要靠合適且忠誠的人才；如果沒有把握的話，為什麼不去用投資的？所以，我們的立場是，如果當地已經有合適的公司，最好就和他合作，即使是沒有共識也無所謂，跟他做策略聯盟或者用其他方法，也是可以的。但是，如果是經營這個企業非有不可的技術競爭力，我想一定要覺得有十成的把握，能夠掌握在自己的手裏。

Q11 跨國企業要如何滲透當地的政商網絡？

A 我想以宏碁在台灣的企業文化，對於政商關係的看法十分健康；在大陸或者在東南亞，也是以我們的投資規模、對當地的貢獻，很自然地與當地政府建立起良好的關係；沒有透過特別的關說，也沒有公關公司在打點，反正就是直來直往的。到目前為止，宏碁集團到世界各個角落，應該都受到很大的歡迎。

當然，你到先進國家投資，就不一定完全受到重視；因為你的份量、對當地的貢獻，相較於他們本國的大型企業，相對地就不是受到那麼大的重視。像宏碁在美國的投資雖是很大，但是因為在矽谷附近，比宏碁大的國際性大企業還很多，所以，我們在加州並不一定受到重視；但是，我們到德州就受到很大重視，美國前總統布希兒子，2000 年共和黨美國總統候選人小喬治布希，就到宏碁在德州的公司參觀了。

如果是到開發中的國家投資的話，當然就會受到比較多的重視；譬如宏碁在墨西哥也有公司，墨西哥的總統也到到我們的工廠去過。像這個就是很正常，我們沒有特別的安排，而是以世界公民的身分，也就是以當地的利益，來思考我們所有的投資；這樣的做法，才是可長可久的。

Q12 歐美企業因為有很強的資訊系統，可以配合全球化的運作，台灣企業要如何利用資訊技術，進行全球化策略？

歐美企業的全球化運作，是不是因為他們有很強的資訊系統？我的看法可能會和一般人的認知，不太一樣。

我們可以從幾個因素來看：由於自由經濟體系的蓬勃發展，使得全世界到處都是市場；以前不是這個樣子，到處都是封閉的市場，所以企業為了接近那個市場，才不得不有全球化的策略。

此外，在競爭激烈以後，企業不得不在全球佈局，於是就有所謂的世界車、世界電腦等產品產生；反正，最好是去到處把最有競爭力的東西組合起來，這個也是造成企業要國際化的一個理由。

另外，由於全球分工整合的大趨勢，使得企業為了要有競爭力，不得不要全球大家分工整合；此時，設計良好的資訊技術架構，當然可以協助企業，使他在全球運作的有效性會更好。

至於台灣企業要如何利用資訊技術，進行全球化策略這個問題，我不是這方面的權威，只是講我個人的看法：看起來，我們還是要借重資訊技術中已經成熟的解決方案，不管是軟體、結構、或者無他；企業必須先了解現有的技術，然後來借重它。甚至於，我傾向如果能不改那些軟體的技術，讓我們做必要調整，而不失我們的需求的話，是比較理想的。

過去宏碁也做了很多資訊技術的投資，我們總是覺得現成的軟體不合用，於是調整了很多功能，但是結果並不是非常成功的。因為，資訊技術的重點，是在於它的可靠度及穩定性；當企業每天在用，用到碰到問題的時候，為了那個特殊的功能，在台灣自己去開發的話，它的可靠度，可能是有問題的，除非你用的很多、很頻繁。因為，軟體是要用過之後，你才知道它是可靠不可靠；所以，我是從這個角度來看，資訊技術的架構最好是選擇很可靠的方式。當然，現在還要選擇能夠比較有彈性、可以擴充等等的架構。

Q13 台灣的行銷能力是世界三流的水準，宏碁如何在這樣的條件下成為亞洲第一或甚至向世界第一看齊？

A 其實，宏碁的行銷能力，在亞洲不能算是三流的；因為，一流的美國人，來到亞洲也打折了。因為，他們對當地狀況的不了解，沒有辦法掌握到很好的人力；美國企業可能可以找到頂尖的幾個上面的主管，但是，如果他要整批在亞洲行銷部署的人才，一定打不過我們。所以，我想在亞洲的行銷方面，我們是一流的。

此外，從台灣的立場，宏碁在硬體的產量上，不管是個人電腦或是其他的資訊產品，當然是追求世界第一，這是我們最終的目標。就因為我們有條件變成世界第一，所以我們要追求世界第一。同樣的情形，當我在談服務要佔有亞洲市場的時候，我們最終的目標，我也認為說宏碁應該在亞洲也是第一。

當然，所謂談亞洲第一，在個人電腦的領域中，現在是很累了。主要的原因是，我們在亞洲最主要的大陸、韓國、日本等三個市場，都不是第一；除此之外，宏碁在其他的亞洲國家，早就是第一了。

如果，有一天，宏碁進入大陸市場，變成名列前茅，甚至第一的話，那麼，變成亞洲第一的機會就自然存在。所以，對台灣企業而言，這樣一個準備、這樣一個目標、企圖心是一定要有的。但是，什麼時間可以達到這個結果？由於還有客觀的其他因素在裏面，所以，我們當然就要長期地努力。但是，反過來說，今天如果那個機會已經存在，兩岸之間沒有政治的問題了，我們也會因為企業的規模等基礎建設，還沒有準備好，而錯失成為第一名的機會。

所以，我們要準備拿第一，就是你要在家裏練兵，然後比賽的時候，再來看真功夫；所以，我是覺得，我們成功的條件是存在的。比如說，美國企業不太可能像宏碁企業一樣，做這麼多產品，日本、韓國的企業雖然規模比我們大，但是他們的組織架構，沒有像宏碁這樣有彈性，有這麼多小碁所組合起來的戰鬥體。我認為，現在及未來的市場，是需要這種有彈性的戰鬥型組織。

在後面的章節中，我會提出我所創的「聯網組織架構」（Internet Organization Structure），那是一本書的事情，恐怕在這麼短的篇幅中，講也講不清楚的；簡單的說，我把它稱為是宏碁之道、台灣之道、小國之道，以小搏大的一個策略及架構。我相信我們一定要繼續發展這樣型態的組織，當我們的管理更成熟以後，我們就可以推廣到更多類似的企業。因為，台灣企業只有宏碁在國際上打，還是太單薄了；如果有更多的企業國際化，大家有類似的企圖心，互相支援，有各種不同的方法更好，反正，大家團結，力量自然就會更大的。

Q14 『我們台灣的做法不太一樣，我們當然也有獎勵投資，不過，台灣的獎勵投資是獎學金的制度，歐洲的獎勵是補貼的制度。』
其他國家還有沒有其他值得參考的制度？

A 例如新加坡政府比較不怕圖利他人。

附 錄 1
施振榮語錄

1.

「團結力量大」的關鍵，在於組織成員之間有沒有共同的利益。

2.

宏碁一方面不斷將一貫的企業文化本質灌輸給同仁；一方面，對企業文化的闡釋與執行，則是鼓勵各單位主管按照自己的想法去創造特質與差異化。

3.

發揮團體力量來成就共同目標，我所希望掌握的要領是：既能大──就是大到足以追求共同的方向與理想，又能小──就是小到只在執行上鼓勵大家各自發揮，來得到成就感。

4.

企業價值的高低，取決於它對社會貢獻的多寡，而企業對社會最大的貢獻，是提供高品質產品與服務來滿足消費者的需求；為了提供高品質產品與服務，必然要有高素質的員工，因此企業必須訓練人才、照顧員工。如此，公司經營成功，利潤自然回饋給股東。

5.

講來講去，國際化考慮的就是為了要擴張市場，或者降低成本。

6.

企業國際化，反映的就是供需的一個關係，只是我們的思維，要擴大到全球，而不光衹是考慮本地的資源而已。

7.

沒有一個老闆會在交待部屬辦事時，會期待部屬萬事迎刃而解，老闆期待的是授權授得安心，也就是部屬會負責任，盡力而為，有問題主動反映。

8.

企業要有穩健的財務管理，不但要有充足的自有資金，而且要釐清資金的歸屬，企業才能在健全資本結構中穩定成長。

9.

要進一步確保公司財務的安全度，必須建立客戶信用管理體系。

10.

在許多企業主的想法當中，員工的權益過高，將不利於自己的利益；但我認為，如果員工能夠了解保障自身權益的重要性，也就會盡力維護公司的生存。

11.

如果我們的步伐晚一點，我就跟著別人的足跡走。跟著人家走有很多

好處；除了人家替你精挑細選以外，產業聚落也已經形成。在一個產業裏面，產業聚落扮演非常重要的一個角色，所以，我們也歡迎大家一起來作伴。

12.
物流的重要，不差於製造，而其管理的重要，則更遠甚於製造。製造的品管出入，相差百分之三就很大了，物流的品管出入，相差可能大到百分之三十到五十。這其中的關鍵就在人。

13.
在先進的國家做行銷很累，在開發中國家相對地就比較簡單。主要的原因是：在先進國家做行銷，最大的挑戰，當然是客戶的服務問題。

14.
在製造的層面來看，產業的結構還是比勞工的成本更重要。

15.
台灣企業要國際化，當然最難的就是國際化經驗的人才不夠；就是因為人才不夠，我們應該更積極地投資，尤其要花更長的時間，來培養國際化人才。

附 錄 2
孫子名句及演繹

1.

兵以詐立，以利動，以分合為變者也。
故其疾如風，
其徐如林侵，
掠如火，
不動如山，
難知如陰，
動如雷霆。

2.

以迂為直，以患為利。故迂其途，
而誘之以利，後人發，先人至。

軍旅行動時，
快如疾風迅速而無跡

3.

三軍可奪氣，將軍可奪心。

4.

善用兵者，避其銳氣，擊其惰歸——治氣
也。
以治待亂，以靜待譁——治心也。
以近待遠，以佚待勞——治力也。
無邀正正之旗，勿擊堂堂之陣——治變者
也。

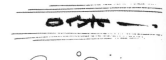

林

靜止時，
肅穆嚴整如林木一
般…

火

攻擊時，
如燎原烈火……
一發不可收拾！！

領導者的眼界 **8**

全球化的 生產與行銷

宏碁上兆元營運經驗

施振榮／著・蔡志忠／繪

責任編輯：韓秀玫　　封面及版面設計：張士勇
法律顧問：全理律師事務所董安丹律師
出版者：大塊文化出版股份有限公司
台北市105南京東路四段25號11樓
讀者服務專線：080-006689
TEL：(02) 87123898　FAX：(02) 87123897
郵撥帳號：18955675　　戶名：大塊文化出版股份有限公司
e-mail:locus@locus.com.tw
www.locuspublishing.com
行政院新聞局局版北市業字第706號
版權所有　翻印必究

總經銷：北城圖書有限公司
地址：台北縣三重市大智路139號
TEL：(02) 29818089 (代表號)　FAX：(02) 29883028　9813049
初版一刷：2000年11月
定價：新台幣120元
ISBN 957-0316-38-1　　　　Printed in Taiwan

國家圖書館出版品預行編目資料

全球化的生產與行銷：宏碁上兆元營運經驗
／施振榮著；蔡志忠繪 .－－初版 .－ 臺北市：
大塊文化，2000〔民 89〕
面； 公分 . － (領導者的眼界；8)
ISBN 957-0316-38-1(平裝)

1. 宏碁集團管理 2. 企業管理

494 89017281

大塊
LOCUS
文化

編號：領導者的眼界08　　書名：全球化的生產與行銷

讀者回函卡

謝謝您購買這本書，為了加強對您的服務，請您詳細填寫本卡各欄，寄回大塊出版 (免附回郵) 即可不定期收到本公司最新的出版資訊，並享受我們提供的各種優待。

姓名：   身分證字號：

住址：_____

聯絡電話：(O)_____   (H)_____

出生日期：_____年_____月_____日   E-Mail：_____

學歷：1.□高中及高中以下   2.□專科與大學   3.□研究所以上

職業：1.□學生   2.□資訊業   3.□工   4.□商   5.□服務業   6.□軍警公教
7.□自由業及專業   8.□其他_____

從何處得知本書：1.□逛書店   2.□報紙廣告   3.□雜誌廣告   4.□新聞報導
5.□親友介紹   6.□公車廣告   7.□廣播節目8.□書訊   9.□廣告信函
10.□其他_____

您購買過我們那些系列的書：
1.□Touch系列   2.□Mark系列   3.□Smile系列   4.□catch系列   5.□天才班系列
5.□領導者的眼界系列

閱讀嗜好：
1.□財經   2.□企管   3.□心理   4.□勵志   5.□社會人文   6.□自然科學
7.□傳記   8.□音樂藝術   9.□文學   10.□保健   11.□漫畫   12.□其他_____

對我們的建議：_____

_____

LOCUS

LOCUS